[意] 昂里科 · 拉瓦钮 [意]安热洛 · 莫热塔 著
越南拉工作室 绘 韩珠萍 马巍 译

给孩子的深海怪兽图鉴

電子工業出版社
Publishing House of Electronics Industry
北京 · BEIJING

怪兽是什么呢？这是一种稀有的、奇特的、与众不同的生物。它庞大、强壮、好斗，或者集三种特性于一体。这种生物可能是真实存在的，也可能是虚构的，如同远古时期人类的怪兽伙伴。

海洋怪兽的历史可以追溯到6万年前，我们的祖先开始在印度洋、太平洋和大西洋里游弋。他们在路途中偶遇了许多出现在海浪中的未知生物，这些就是最原始的深海怪兽，比如蓝鲸——在地球上生活的最庞大的动物之一。

巨大的章鱼、枪乌贼和海蛇变成了古老传说中的英雄，其中很多传说一直流传至今。几百万年前就已灭绝的动物的骨骼被人类发现之后，大部分都会催生出这些传说故事，比如巨大的巨齿鲨和拥有鳄鱼吻部和大量牙齿的古老鲸类——龙王鲸。三个世纪之前，想象与科学相互交织，大家都相信，这些魔鬼般的奇特猛兽像古地图描绘的那样遍布了所有海域。科学家们研究了这些怪兽之后，认识到它们与其他动物一样，只是更加稀有、更加庞大，而且完全是未知的，因为它们习惯生活在深海的黑暗当中，或者死了之后深埋于海底，所以人类对它们一无所知。

为了更好地了解这些新奇的动物，我们应该借助于科学和传说。这些海洋怪兽生活在哪里？数量有多少？它们吃什么？它们怎么攻击？怎么保护自己？要回答这些问题，解开它们神秘生活中的无数谜团，我们可以看看海洋生物专家的科学介绍，听听如尼斯湖水怪一样的神秘动物的传说，看看栩栩如生的插画。

你还等什么呢？跟随神秘动物的踪迹，和博士以及他忠实的助理宝纳来一起探索迷人的深海怪兽吧！

词汇表

如果你不知道本书中出现的某些词汇的含义，可以在下面找到解释。

白垩纪：地质年代中中生代的最后一个纪，大约历经了7900万年（从1.45亿年前开始，结束于6600万年前）。这段时期有多种多样的爬行动物，恐龙也发展到了巅峰时期。

白化病：由于黑素合成或加工异常引起的全身皮肤、毛发和眼的色素缺乏或减少。

北海巨妖：北欧传说中的海怪，可能指的是巨型章鱼。

大西洋中脊：纵贯大西洋中部的巨型海底山脉，由地心中溢出的熔岩构成，形成新的地壳。

盾皮鱼：已灭绝的原始颌鱼类。大约生活在志留纪到泥盆纪。头部与躯干的前段一般都披有骨甲。

分解：死亡生物在自然环境中转化为其他物质的过程。分解过程中有时候很难分辨出是哪种动物。

搁浅：海洋动物被波浪和水流带到海滩上，无法自行回到海里。搁浅的动物最终往往会死去，但有时也会被人类救助得以存活。

古生物学家：指研究古代生物的科学家。他们调查化石中植物和动物的残余物。古生物学是自然科学的分支。

化石：由于自然作用在地层中保存下来的地史时期生物的遗体、遗迹，以及生物体分解后的有机物残余（包括生物标志物、古DNA残片等）等。

巨口鲨：发现于1976年。巨口鲨的嘴宽约1米，主要以磷虾为食，上颌有亮白色条纹，可能在觅食中扮演重要角色。

老普林尼：对大自然的准确观察令他成为历史上最早的科学家之一。公元79年，他在试图近距离观察维苏威火山喷发时死亡。这次喷发还湮没了庞培城。

姥鲨：体型最庞大的鲨鱼之一，身长可达15米。虽然姥鲨体型很大，但是没有攻击性，只食用浮游生物。

利维坦：深海中的神秘怪兽，被描述为巨大的鲸或海蛇。利维坦通常也指代神秘巨兽。

梁龙：侏罗纪末期庞大的植食恐龙，有长长的脖子和尾巴。体长30~35米，体重10~16吨。

迷惑龙：生活在1.5亿年前的大型植食恐龙，有长长的脖子和尾巴，可以长到30米，重约50吨。

泥盆纪：地质年代中古生代的第四个纪，从4.2亿年前到3.59亿年前。这个时代的结束以大量物种的消失为标志，尤其是海洋生物遭到重创。

气候变化：从极地到热带，气候随着时间的演变会发生巨大的变化。我们目前正在经历一场新的变化：我们地球的温度正在上升。

腔棘鱼：在地球上生活了4亿年，被称为“恐龙时代的活化石”。身体呈纺锤形，全身披有很厚的鳞片。

软骨：由软骨细胞及其周围的软骨膜构成。具有一定的坚韧性、弹性和抗压能力。鲨鱼和鳐鱼的骨骼由软骨构成，因此它们被称为软骨鱼。

蛇颈龙：巨大的水生爬行动物，拥有长颈和进化成鳍的四肢。这些肉食动物捕食鱼类和软体动物，曾经统治了侏罗纪时期的海洋。

深海：透光层以下的海。一般指水深200米以下的海。

声呐：用来探测和定位海底物体、绘制海底地图的设备。

始新世：古近纪的第二个世，始于约5600万年前，终于约3390万年前。阿尔卑斯山脉、喜马拉雅山脉等大型山脉在这个时期形成。

头足动物：包括章鱼、鹦鹉螺和乌贼等。它们头部发达，足的一部分变为腕，位于头部口周围。

翼龙：会飞的爬行动物，有1～11米长的膜翼，由强壮有力的肌肉驱动。它们生存于2.2亿年前到6600万年前。

印度洋–太平洋海域：一个生物地理海域，包括印度洋的热带水域、太平洋的西部和中部以及印度尼西亚连接两洋的水域。

鹦鹉螺：与章鱼和乌贼相近的软体动物，特征是巨大的螺旋形外壳和火焰条状斑纹。儒勒·凡尔纳的小说《海底两万里》中的主人公船长尼摩驾驶的潜艇就叫鹦鹉螺号。

中新世：新生代新近纪的第一个世，从2300万年前到533.3万年前。

肘：古代的长度单位，是从人的手指顶端到肘部的手臂长度。一肘约有半米。

侏罗纪：中生代的第二个纪，因电影《侏罗纪公园》而出名。侏罗纪历经近5600万年（从约2.01亿年前到约1.45亿年前），处于白垩纪之前。

怪兽身长多少？

在每一张描绘海洋怪兽的卡片旁，你会发现怪兽剪影和一条坐着垂钓者的小船。通过对比这两者的大小，你就能知道每一种怪兽的平均长度。

目录

大王乌贼

大王乌贼是深海中最神秘的生物之一。它从古时候起就一直存在于传说当中，直到人类在海滩上发现了它的尸体，才证明了它真实存在。现在，我们知道大王乌贼的长度可达18米，遍布海洋深处。它的身体仅有5～6米长，但是身上两条长长的触腕让它显得尤为巨大。

海妖是一种身躯庞大的怪兽，大王乌贼有可能就是传说中的海妖的原型。

大王乌贼的学名是*Architeuthis dux*，来源于希腊语和拉丁语，意思是“枪乌贼之王”。

大王乌贼是水产摊上卖的乌贼的超大版。它的头长约1米，上面有硕大的眼睛。大王乌贼有8条3米长的强壮的长腕，上面有带倒钩的吸盘，还有一对用来捕食的触腕。

1861年，法国轻巡航舰“阿莱克通”号抓住了一条大王乌贼，人们想要把它吊起来，但最终只得到了一个肉块。

抹香鲸是了解大王乌贼的“专家”。如果抹香鲸能说话，就会向你讲述它跟最爱的猎物，也就是大王乌贼之间的残酷斗争。抹香鲸和大王乌贼的对抗发生在1000米左右的深海里。尽管抹香鲸往往是获胜方，但是它庞大的身躯上也会留下大王乌贼用吸盘和嘴弄出的伤痕。

仍存活着的生物

出现在地球上的时间	7500万年前
现状	存活
长度	10~13米（可能到20米）
重量	275千克
分布	地球上所有海域

我喜欢大王乌贼。曾经科学界认为它们只是在传说中出现的北海巨妖，直到后来人类在抹香鲸的胃里发现了一些巨大的乌贼嘴，以及抹香鲸皮肤上像盘子一样大的疤痕，这才证明了北海巨妖不是迷信的维京人想象出来的。在黑暗的深海发现大王乌贼或者看到它与抹香鲸的激烈战斗是非常困难的，本来只能靠想象了。幸运的是，我借到了一个小型深海探测器，我和副驾驶员宝纳乘坐着它，潜入了英国航海家德雷克曾经来过的波涛汹涌的大海。这片海就在火地岛和南极洲之间，因为大王乌贼喜欢在这个纬度的海域出没。

我们的深海探测器配有用来解闷的高品质放映机和一套高保真音响，因为海底探险可能非常漫长。时间逐渐流逝，只有黑暗从舷窗里泻进来。突然，一个巨大吸盘砸在玻璃上。它缠绕着，似乎要绞碎探测器。十几束幽灵般的光芒在四周跃动，我们犹如处于噩梦舞厅中一般。探测器发出了吱嘎吱嘎的声音，那个吸盘好像离开了舷窗。这个怪物想放掉自己的猎物吗？根本不是！一只眼球突出的眼睛凑到玻璃前紧盯着我们，我的鸡皮疙瘩都起来了！在决定我们的生死之前，这颗外星人似的头颅在仔细观察着我们。宝纳大喊：“博士，把音乐音量调到最大！”棒极了！像声呐一样低频率、高强度的声波能够刺激这怪兽！我冒着震破鼓膜的危险把声音调到最大。没过多久，眼睛离开了，触手松开了，光也消失了。“宝纳，你是怎么想出这个主意的？”他微笑着回答：“你的音乐能够吓走所有人！”

巨型章鱼

仍存活着的生物

出现在地球上的时间	4000万年前
现状	存活
长度	5~13米
重量	50千克
分布	北太平洋

巨型章鱼是关于神秘海洋生物的文章、故事和书籍中的常客。这可能是因为章鱼和鱿鱼有着令人毛骨悚然的外观。仅仅在水族馆中观察它们就足以让我们产生一种奇怪的感觉，好像我们才是被观察者，甚至像正在被X射线扫描着。这很大程度上是因为它那冰冷的眼睛，让我们联想到了那些外星人的形象。

巨型章鱼外形简单，身体呈卵圆形，有8条带两排吸盘的腕。它简单的外表很有欺骗性，所以你还是要小心一点。为了靠近并捕捉到猎物，它的外套膜可以伸长变大，甚至还可以缩小躲避危险。章鱼还具有超强的模仿能力，能够变换颜色来融入周围环境。它还能耐心地埋伏着，等待敌人，然后紧紧缠住，让敌人麻痹，无法反抗。

现今世界上大约有300种章鱼，几乎遍布地球上的所有海域，包括有礁的昏暗热带深海。

尽管章鱼的柔软身体不容易变成化石，但古生物学家还是发现了一个有着1.64亿年历史的化石标本，这块化石有8条腕，外形和现在的章鱼很像。

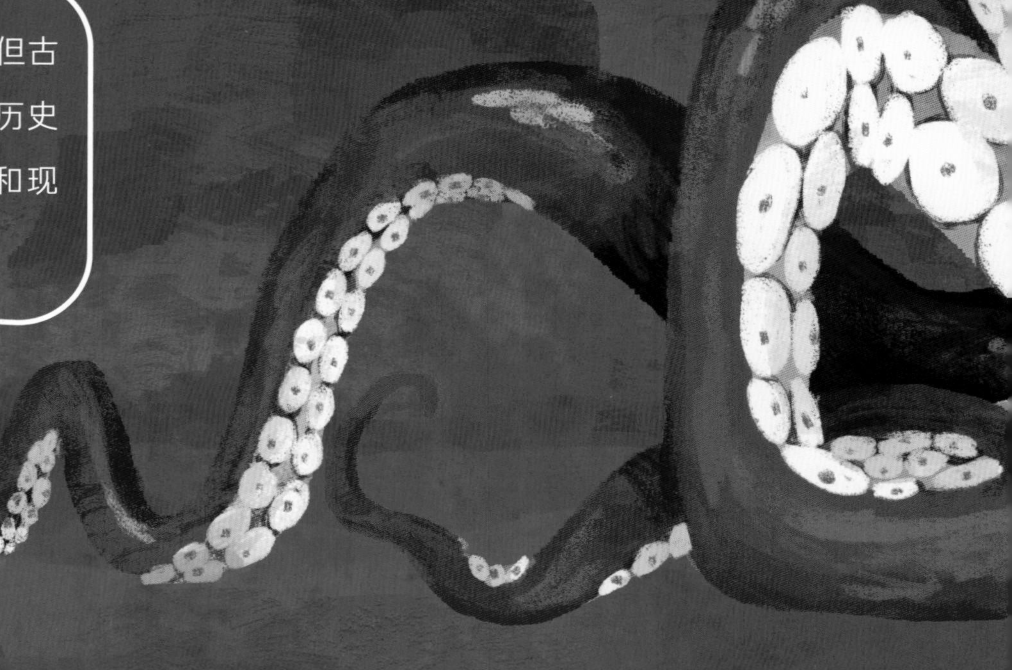

深海中的章鱼会喷出发光的“墨汁”，因为在黑暗中喷黑墨毫无用处。

在一些海滩上发现了神秘的球状残骸，许多人认为这就是传说中的巨型章鱼。

一位海洋神秘学家认为巨型章鱼是所有海洋生物中最神秘的动物。

1870年左右，几十只巨大的头足类动物搁浅在纽芬兰岛的岩滩上，证实了这些长期以来被认为存在于传说中的生物是真实存在的，科学家们在大量的目击事件和证据下收回了原先的质疑。在希腊、日本、波利尼西亚和前哥伦布时期的美洲这些不同地区的传说中，都有巨型章鱼的身影。

2000多年前，古罗马作家老普林尼曾描述了当时在现今的西班牙捕获的一只头足类动物。维京航海者们惧怕一种“不正常的动物”，它的体型庞大，能够把触手缠到船上，然后把船拖到海底，甚至还能凭借它在水下产生的吸力使船沉没。随着时间推移，关于头足动物的证据越来越明确。人们不再只讲述水手和巨型头足动物相遇的故事，还用激烈斗争中被切掉的触手残骸来证明它们的存在。但专家们仍然断言这是一些“违背自然的现象”。因此人们仍然需要进行斗争，来证明巨型章鱼的存在，而皮埃尔·德蒙福特就是这场战斗中的受害者。这位生活在拿破仑时期的著名自然学家对无数个关于巨型章鱼的故事深信不疑。

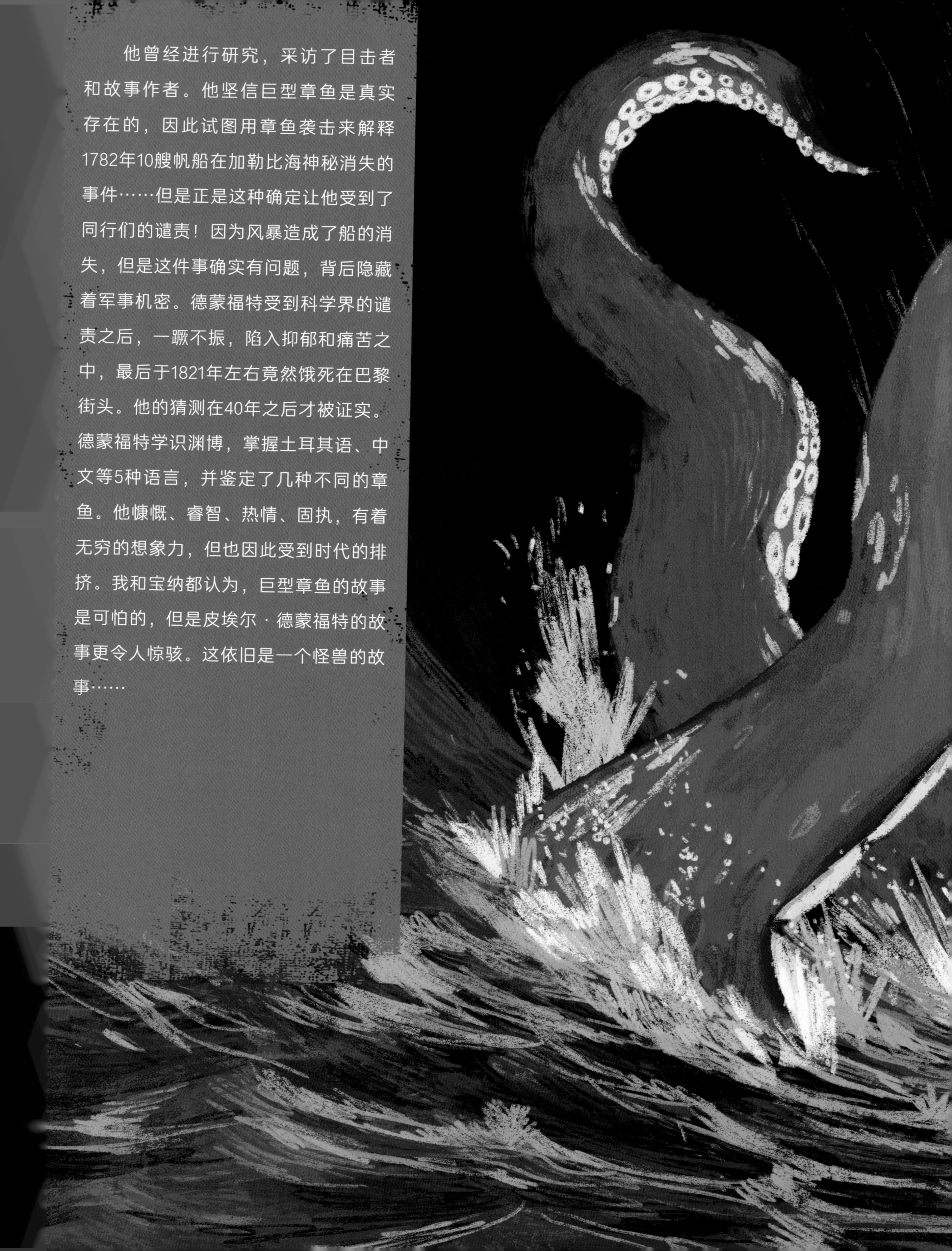

他曾经进行研究，采访了目击者和故事作者。他坚信巨型章鱼是真实存在的，因此试图用章鱼袭击来解释1782年10艘帆船在加勒比海神秘消失的事件……但是正是这种确定让他受到了同行们的谴责！因为风暴造成了船的消失，但是这件事确实有问题，背后隐藏着军事机密。德蒙福特受到科学界的谴责之后，一蹶不振，陷入抑郁和痛苦之中，最后于1821年左右竟然饿死在巴黎街头。他的猜测在40年之后才被证实。德蒙福特学识渊博，掌握土耳其语、中文等5种语言，并鉴定了几种不同的章鱼。他慷慨、睿智、热情、固执，有着无穷的想象力，但也因此受到时代的排挤。我和宝纳都认为，巨型章鱼的故事是可怕的，但是皮埃尔 · 德蒙福特的故事更令人惊骇。这依旧是一个怪兽的故事……

海洋巨蟒

如果你问海洋生物学家，海蛇是否存在，他可能会回答："是的，存在。"假如你以为海蛇就跟传说中的海洋巨蟒那样：30米长，覆满鳞片，拥有能够震慑到鲨鱼和鲸的血盆大口的话，那你可能会失望。因为在印度洋-太平洋海盆里生活的海蛇体长连3米都不到。尽管它不能掀翻船舶，不能吞下整船水手，也不会吓到航海者，但是它的毒液可以杀人。

传说中的生物

史上首次描述	1555年（作者：奥劳斯·玛格努斯）
目击次数	600次以上
长度	15~60米
重量	未知
分布	地球上所有海域

1817年夏天，美国马萨诸塞州格洛斯特的几十个居民多次见到一条长15~30米的怪物。

或许是因为人类捕获了名为"皇带鱼"的深海鱼，才出现了海洋巨蟒的传说。这种深海鱼外形像丝带，身体最长可以达到7米。

罗马诗人维吉尔在史诗《埃涅阿斯纪》中描述了一条从海浪中突然出现的海洋巨蟒。

目击者们关于海洋巨蟒的描述并不一致，但是大部分目击信息都提到拥有大头和大嘴的长条形动物在波涛汹涌的海面上游动。

深海里的庞然大物能够躲过人类探寻和研究，那么巨大的海洋巨蟒真的存在吗？1600年到1964年期间，人类观察到蛇形海洋生物的次数接近600次，似乎证实了巨型海蛇真的存在这个说法。

1848年8月6日，英国皇家海军“代达罗斯”号护卫舰上的水手们目击了一个20米长的怪物。

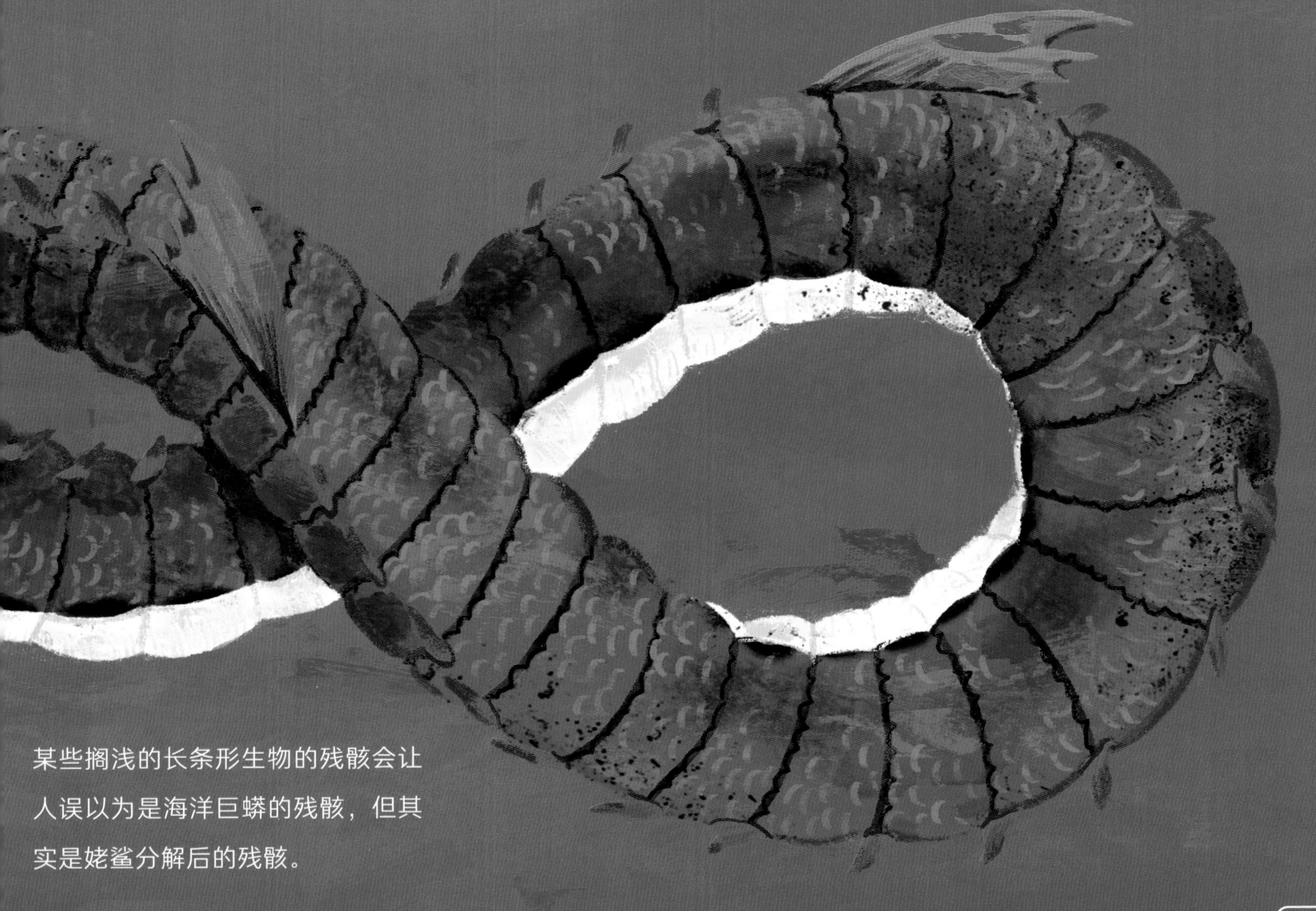

某些搁浅的长条形生物的残骸会让人误以为是海洋巨蟒的残骸，但其实是姥鲨分解后的残骸。

去年，我跑遍冰岛去执行一项并不轻松的任务。我尝试去揭露鲸频频搁浅在冰岛海岸上的原因。这个现象大概率是由人类造成的，或者更准确地说，应该是因为军用声呐让动物们迷失了方向。然而当我和宝纳在一条鲸搁浅的黑色海滩上漫步时，我们发现孩子们对一个金属色的长条物体很感兴趣。其中一个孩子不停地说着“拉斯瓦律尔”或者发音相似的词。我用眼神询问宝纳，他回答：“教授，我不会讲冰岛语，但它可能是这个东西的名字。”这种生物叫皇带鱼，常常被当成海洋巨蟒。这个小男孩试图让朋友们相信面前的是冰岛神话中一种以皇带鱼为原型的神奇怪兽！

自古以来，海蛇为传说故事提供了丰富素材。阿佩普是“尼罗河之蛇”，也被称为“恶之龙”，每天晚上都会叫嚣要吞了埃及的太阳神“拉”，从而毁灭世界。北欧神话里也有与阿佩普相似的怪兽：庞大的耶梦加得。诡计之神洛基是耶梦加得的父亲，耶梦加得将会在世界末日时毒害世界。在古希腊时期，人们说特洛伊的拉奥孔会被两条出现在海浪中的龙杀死。这两个怪物具有蛇的外形，头顶上有血红色的冠，就像皇带鱼一样。尽管皇带鱼在1772年已经不再被当成怪兽（在这一年它被明确定义为一个生物物种），但是它一直被人认为是怪物。在越南发现的一种神秘动物也有红色的冠，金色躯体，身长十几米，但并不是皇带鱼，它看起来更像是南亚神话中的蛇——那迦，它覆着金色的鳞片，居住在河里，其原型可能是一种还未知的物种。

巨齿鲨

已灭绝的生物

出现在地球上的时间	1600万年前
灭绝时间	200万年前
长度	12~15米
重量	50吨
分布	温暖的热带海域

巨齿鲨大约出现在1600万年前，在200万年前消失了，当时人类已经在陆地上印下了最初的足迹。巨齿鲨不仅是已知的最庞大、最强悍的鲨鱼，而且还是当时最厉害的肉食动物。专家们把巨齿鲨比作一辆侧边有鳍的巴士，推测它有12~15米长，将近50吨重，比著名的霸王龙还重。

巨齿鲨生活在靠近海岸的温暖海域。它不仅捕食鲸类动物，还捕食海豹和海狮，很少有它喜爱的猎物能够逃过它的魔爪。

它三角形的牙齿排成锯齿状，像剃刀一样切割食物。中间的牙齿更加恐怖，长度可以超过15厘米。

巨齿鲨将所有力量都集中在下颌。它的嘴大约2米宽，有5排牙、250颗牙齿。当它失去一颗前排牙的时候，很快就能用后排的那颗牙补上。第一排的牙齿共有46颗，负责撕碎猎物。当牙齿咬合时能够产生1.8万千克重的压力，相当于一辆中型公共汽车的重量。

在20世纪初一张著名的照片上面，美国自然历史博物馆的6位古生物学家站在巨齿鲨的嘴里。研究表明这是错的。实际上，巨齿鲨的嘴巴更加庞大，当时只把一颗颗硕大的牙齿排列成模型，没有考虑到它应该有多排牙齿。

现在人们还无法证实大白鲨是巨齿鲨的后代，但是两种鲨鱼存在高度的相似性，因此人们可以通过大白鲨来制作巨齿鲨的完美模型。

巨齿鲨的骨骼是软骨，不会变成化石，因此只给我们留下了坚不可摧的牙齿。

古生物学家在一堆海洋哺乳动物骨骼的残骸中发现了巨齿鲨的牙齿，这些骨骼上遗留着明显的咬痕。巨齿鲨的胃口很大，每天都能够吞下近1吨的鲸肉。

关于巨鲨的恐怖故事并不稀有。这并不奇怪，因为这种古老的软骨鱼类遍布地球的所有海域，它看上去有着坚定的决心和难以想象的凶猛。这些特质更像是形容人的，而不是用来形容鲨鱼的。巨鲨的传说多种多样，比如夏威夷传说中的神秘鲨鱼是保护和帮助人类的。巨齿鲨的历史非常复杂。科学界认为它在200万年前灭绝了，但是仍有无数人不断在地球的各个角落遇到健康的巨齿鲨。我对人们遇见它们的地点很感兴趣：可能巨齿鲨在灭绝之前找到了最后的隐秘藏身处来延续生命，比如加利福尼亚湾、纳米比亚、澳大利亚，以及曾经发现过巨齿鲨的沿海区域。这确实不能证明什么，但是可以引人思考。尽管科学证明，没有阳光，生命就无法存在，但是1977年人们在大西洋中脊完全黑暗处发现了一片通过地热供应养分的生机勃勃的“绿洲”。腔棘鱼据说已经在5000万年前灭绝了，但是在1938年有人在南非海岸边看到了这种鱼。还有巨口鲨，直到1976年才被人类发现，当时人们看到的是一条长5米、重1吨的漂亮小鲨。

研究表明，巨齿鲨习惯住在海岸边，它无法适应深海中的生活，因此无法藏在我们见不到的地方。那么，怎么解释巨齿鲨的牙齿化石会出现在远离海岸的太平洋小岛——皮特凯恩岛附近呢？宝纳不是科学家，但是头脑清楚，于是自言自语地说：“科学界为什么不愿意接受巨齿鲨为了生存而进化的事实呢？人类为了延续种族也进行了很多进化。”我可能有答案：毕竟没有科学家，包括我在内，热衷于重新书写地球生物的历史。

恐 鳄

出现在地球上的时间	8000万年前
灭绝时间	7000万年前
长度	11米
重量	8吨
分布	北美洲

看看恐鳄的模型，承认吧，还是有人会因为它的灭绝而感到开心！8000万年前到7000万年前，这种白垩纪的史前鳄鱼遍布北美东部。它属于爬行动物，体型庞大，长度可以达到11米，重量超过8吨。它的嘴里有40多颗坚硬的牙齿，其中最长的有8厘米，这些牙齿长在颌骨前面，能够紧紧咬住猎物，构成了一个致命牢笼。

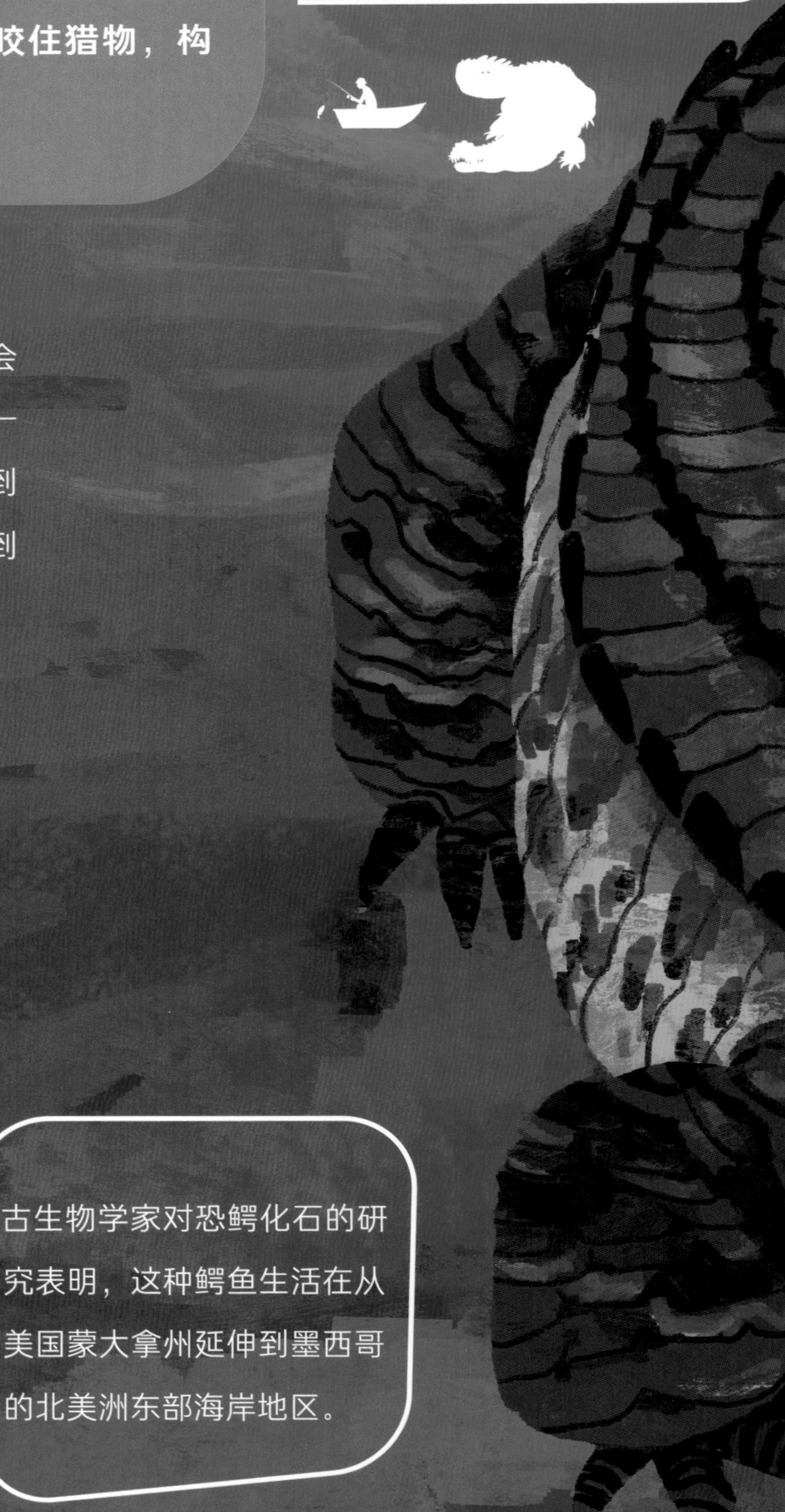

体型巨大的恐鳄张开1米多的大嘴咬住猎物后，几乎不会给它们生还的机会。它的猎物主要是恐龙，其中包括一些大型肉食恐龙。恐鳄潜伏在河里或碱性泥沼里，等到猎物靠近岸边喝水，它就会发起攻击，抓住猎物并拖到水底，减少猎物生还的可能。

恐鳄与大鳐鱼、锯鳐、近海鲨鱼和硬骨鱼类生活在同一水域，而捕鱼者——巨大的翼龙在天上飞翔。

恐鳄曾经长期是鳄鱼之王，直到1964年人们在非洲发现了一个更加庞大的鳄鱼的头颅，被称为“帝鳄”（约12米长、8吨重）。

古生物学家对恐鳄化石的研究表明，这种鳄鱼生活在从美国蒙大拿州延伸到墨西哥的北美洲东部海岸地区。

19世纪在美国北卡罗来纳州发现的两颗牙齿是最早发现的恐鳄化石，但直到20世纪初人们才鉴定出这是鳄鱼的牙齿。

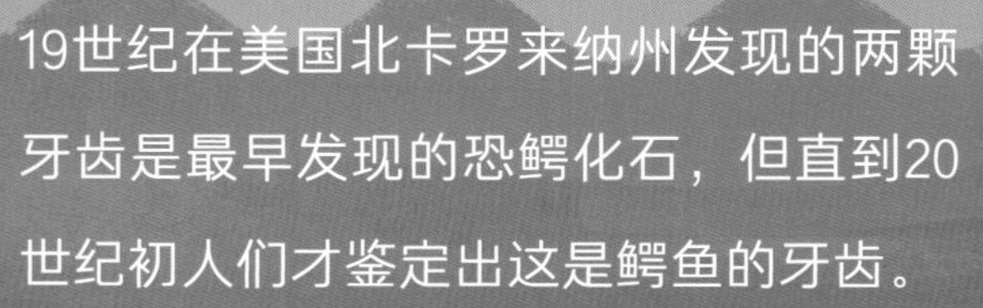

这种古老的鳄鱼之所以如此巨大，是因为它一直在生长，尽管成年后它的生长速度会变缓。它的平均寿命是50岁，它可以一直生长到死亡。

恐鳄的咬合力高达10吨。大名鼎鼎的霸王龙的咬合力约为6吨。

我的埃及学家朋友H.C.给我翻译了一张发现于开罗的埃及博物馆地下室的4000年前的纸莎草纸文稿。

《阿梅尼总监受陛下派遣前往南部地区的任务报告》：“我有很多令人震惊的消息。三个月间我们沿尼罗河而上，到达了一个森林茂密、水量丰沛的地方，当地人看到我们的船只出现在河上的时候非常震惊。但是，我想跟陛下说的事情更加离奇。在这段河里住着一个神，我亲眼看到过。它肯定是鳄鱼神索贝克。我很肯定，因为它就像人们说的那样威严而凶猛：它有30肘长，并且在我们到达那天它就吞食了一个人和一只河马。当地人把它称为阿蒙巴拉，而且想方设法要捕获它。我觉得没有其他东西能比索贝克神更令您满意，于是我决定把它带回大皇宫。但是您要知道，这是一项艰巨任务，因为我们昨天晚上发现它不仅凶猛，还很狡猾。根据制定的方案，我们把关着山羊的笼子放到河流弯曲处，用来吸引索贝克。卫兵日夜埋伏，只要它出现就会用网抓住它。我们等了10天，索贝克神一直没有出现。有一天晚上，暴风雨来得如此猛烈，卫兵们只能逃开了。当他们回来时，装着山羊的笼子已经空了。”

“从这件事可以确定，索贝克是一个神，因为它能够预见风暴或者发起风暴。因此我决定把自己绑起来，等到索贝克出现就捕捉它。我这么做是为了您的荣誉。如果我失败了，陛下，您要知道阿梅尼曾是您最勇敢的仆人。”

这会不会是一只像恐鳄那样已经灭绝了的鳄鱼？H.C.和宝纳认为，这个故事唯一可以确定的地方是它的结局：如果阿蒙巴拉真的到了埃及，肯定会被记录在许多文献中，但事实并非如此。可怜的阿梅尼……

龙王鲸

已灭绝的生物

出现在地球上的时间	4200万年前
灭绝时间	3500万年前
长度	10～20米
重量	60吨
分布	非洲和美洲的温暖海域

最早提到龙王鲸的资料可以追溯到1843年，当时人们根据化石判定这是一个新品种——帝王蜥蜴，即“爬行动物之王”。后来人们发现帝王蜥蜴其实是生活在4200万年～3500万年前的古老鲸类，也就是龙王鲸。龙王鲸统治着一片片环礁湖、海滨和公海。在埃及、印度和北美都发现了龙王鲸的化石。

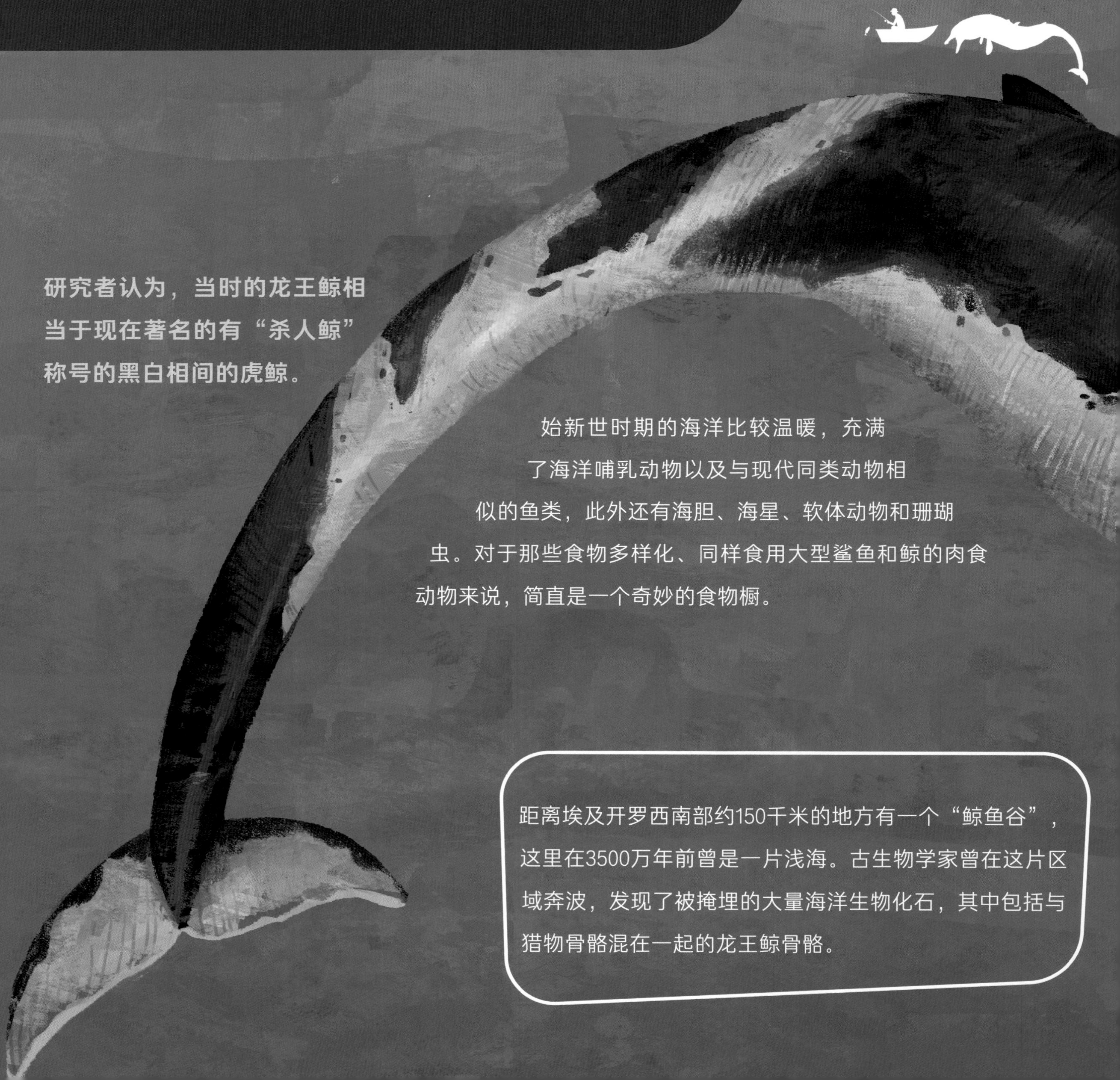

研究者认为，当时的龙王鲸相当于现在著名的有“杀人鲸”称号的黑白相间的虎鲸。

始新世时期的海洋比较温暖，充满了海洋哺乳动物以及与现代同类动物相似的鱼类，此外还有海胆、海星、软体动物和珊瑚虫。对于那些食物多样化、同样食用大型鲨鱼和鲸的肉食动物来说，简直是一个奇妙的食物橱。

距离埃及开罗西南部约150千米的地方有一个“鲸鱼谷”，这里在3500万年前曾是一片浅海。古生物学家曾在这片区域奔波，发现了被掩埋的大量海洋生物化石，其中包括与猎物骨骼混在一起的龙王鲸骨骼。

尽管这些古老的鲸已经完美地适应了水生环境，但仍保留着部分陆生祖先的特质。实际上，龙王鲸的前鳍和后鳍是由祖先的爪子进化而来的。它们的鼻孔在吻部顶端张开，而不是像现在鲸的鼻孔一样在头顶上，而且它们的牙齿也不是像海豚和逆戟鲸一样完全一致，而是从门牙、尖牙到臼齿逐渐变钝，这是陆生哺乳动物和人类的牙齿的特质。

美洲印第安人多次看到湖中怪物，由此产生了奥古布古的传说。奥古布古有10~20米长，生活在加拿大的奥卡纳干湖中。根据描述，它的影子让人想起了已经适应温暖水域生活的龙王鲸。

龙王鲸的身体呈流线型，符合流体力学。尽管其身长可达20米，但是它们通过扭动极其灵活的脊柱，像鲸一样从上向下摆动尾巴，再加上摆动胸鳍，便能够轻松地移动。

有一天，我的埃及学家朋友H.C.打电话告诉我，他很快就要检查一具动物木乃伊了。这件事本身并不离奇，因为我们知道埃及人敬重动物，会把它们做成木乃伊。但是这一次，这具神秘的木乃伊足有8米长！木乃伊太长了，无法进入扫描仪进行扫描，因此只能使用有效的老办法，也就是小心翼翼地解开木乃伊。我和宝纳迫不及待地登上了前往开罗的最早一班飞机。我承认，这具木乃伊值得这趟旅行！制作木乃伊的埃及人重视保存动物的样貌，会在绷带上绘制吻部、爪子或者尾巴。这具木乃伊有着细长的鳄鱼头，马上就让我想起了阿梅尼说的怪物（它可能还没有死），但是我发现木乃伊制作者没有画前爪，而是画了一对鳍和两只细小的后爪，这些都是龙王鲸的特征。

这种肉食鲸消失于3500万年前，现在某些未被确认的动物与之相似，比如1983年在西非海滩上发现的甘伯（Gombo），它长得像没有背鳍的长海豚。再比如加拿大传说中的水蛇奥古布古，在1946年有多位目击者在同一场合看到了它。一个世纪以前，龙王鲸是一场著名骗局。谋划骗局的商人组织了一场收费展览，展出了一具40米长的龙王鲸骨架，但是这具骨架其实是由他收藏的龙王鲸和其他4~5种动物化石构成的。木乃伊数百米的绷带逐渐堆积起来，但怪兽的样子却一点都没有露出来，我的情绪愈加复杂。经过几个小时的紧张工作，木乃伊的大小只有40厘米了，真是难以置信。好在里面有东西：一只像煤炭一样黑的三趾爪。新的震惊涌上心头！龙王鲸有3个趾头，与拥有4个趾头的鳄鱼不一样。我想到了2种情况：这只爪子属于3000年前死于埃及的龙王鲸，或者是被人们偶然发现的化石，以为这是神圣的东西，因此做成了木乃伊。我更倾向于第二种猜测。而且，这种几乎是空的木乃伊并不罕见，木乃伊制作者会把大量的木乃伊卖给朝圣者，其中有部分制作者是骗子，会把空木乃伊卖给别人。宝纳做了个鬼脸，说：“怪物的骗局实在是太多了。博士，别被骗了。”

尼斯湖水怪

苏格兰有一个幽深的湖泊，因尼斯湖水怪可能生活在里面而成了地球上最著名的地方之一。人类第一次发现这种神秘生物的存在（真假不确定）可以追溯到5世纪下半叶：爱尔兰传教士圣哥伦巴拿出了一个十字架，“吓退”了一只准备攻击他和朋友的怪兽。后来，尼斯湖水怪出现的频率越来越高，尤其是在20世纪。但是，它强大的“力量”帮助它躲过了科学家的追踪。

尽管人们多次在尼斯湖发现怪物，但是并不能给这种神秘生物一个确定的身份。随着时间流逝，怪物被描述成巨大的海豹、鲸鱼、海蛇和巨型鳗鱼等等。根据大量照片和速写图得出的最可信的假说是：它是属于蛇颈龙一类的大型水生恐龙。蛇颈龙有着长长的脖子和庞大的身体，通过船桨形的鳍来游动。

1987年，一支由20艘配置声呐的船组成的探险队开启了探险旅程，在湖上进行筛查，企图揭开尼斯湖的奥秘。但是这次探险只侦察到鱼类的活动，并没有发现任何水怪的踪迹。

蛇颈龙的假说建立在拍摄于1934年的著名尼斯湖水怪照片上。照片上的动物从水里探出头和脖子，隐约可以看到它的庞大身躯。

传说中的生物

史上首次发现	公元5世纪
目击次数	1000多次
长度	15~20米
重量	未知
分布	尼斯湖（苏格兰）

某些研究者猜测，尼斯湖水怪可能是一种未知的爬行动物，甚至为它找一一个类似于《哈利 · 波特》中的咒语般的名字：*Nessiteras rhombopteryx*。

对神秘动物感到好奇的人坚定地认为，尼斯湖水怪并不是苏格兰湖泊中唯一的怪兽。人们多次见到一种名为“莫拉格”的奇特动物，与尼斯湖水怪非常相似，长度在4~13米之间。

重返尼斯湖令人兴奋。自从我小时候第一次眺望尼斯湖，并寻找像1934年拍摄的那张照片中一样的黑色剪影以来，这个湖从未改变过。

尼斯湖水怪的故事可以分为3个阶段。第1个阶段是在1500年前，当时这个怪物杀了一个渔民，然后奇迹般地被一位圣人赶走。第2个阶段是在19世纪末，那时有人目击它在湖面快速游过，但并没有伤害任何人。第3个阶段始于20世纪30年代，当时有大量目击案例，以及照片、视频和故事，并在60年代开启了持续至今的研究活动。关于尼斯湖水怪的理论层出不穷，最现实的说法是，尼斯湖水怪是蛇颈龙的后代，在6500万年前恐龙突然灭绝的时期幸存了下来，躲进了至今还连着大海的尼斯湖。反对这一观点的人认为，目击者把尼斯湖水怪和漂浮在湖上的树干或其他东西搞混了，目击者看到的其实是在建造柏油路期间被扔进湖里的空柏油桶。2016年，人们在湖里发现了一只“怪兽”，但其实是为电影《福尔摩斯秘史》而建造的尼斯湖水怪模型。

这个模型长约10米，入水之后直沉水底，而且一直到现在都待在底部。我再也忍不住了，于是租了一个小声呐来进行探测。它是迄今为止发现的最接近尼斯湖水怪的东西，但令人遗憾的是，它已经在淤泥中腐烂了。不禁让我联想到，尼斯湖水怪已经很年迈了，孤零零地躺在湖底，无法繁衍后代，躺在湖底等待永远消失，眼前这一切让我产生了一种巨大的伤感：尼斯湖里的怪物是能够抵抗宇宙灾难、在恶劣环境偷偷生存了几百万年的生物，但现在却处于这样的状态。宝纳看到我哭了，说道："博士，勇敢点！有些事情虽然现在还没有发生，但是未来仍有可能。坚持下去，你会找到它的。"

魔克拉-姆边贝

恐龙真的和大部分人想的一样灭绝了吗？统治了地球1亿多年的恐龙在灭绝灾难中会不会有些幸存了下来，并生活在一个侏罗纪公园里？有些传说和地方轶事提到过，地球上最后一只恐龙魔克拉-姆边贝可能还生活在像侏罗纪时期人类难以进入的刚果雨林中。

尽管魔克拉-姆边贝是植食动物，但它是大象、河马和鳄鱼的死敌，它会用沉重的身体压死这些动物。一些证据也显示它会掀翻并攻击进入自己领地的船只。

传说中的生物

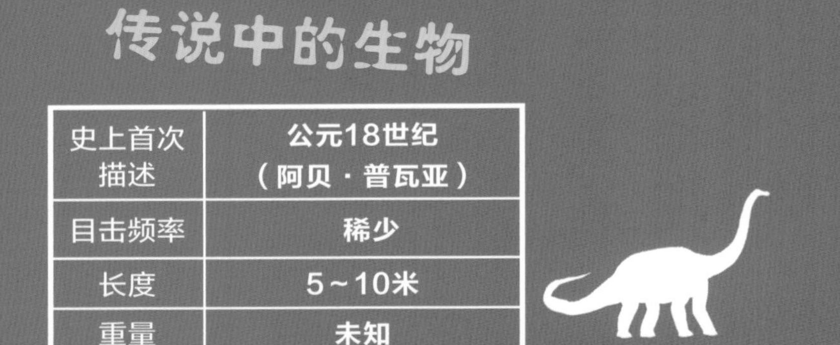

史上首次描述	公元18世纪（阿贝·普瓦亚）
目击频率	稀少
长度	5~10米
重量	未知
分布	刚果森林和泥沼

18世纪的法国传教士阿贝·普瓦亚是第一个描述魔克拉-姆边贝的人。

根据当地人的描述，魔克拉-姆边贝体型庞大，有5~10米长，呈浅黄褐色。它的小脑袋下面有着长长的脖子，笨重的身躯下面有粗壮的三趾爪和一条细长的尾巴。从形态上看，魔克拉-姆边贝可能是与梁龙、迷惑龙类似的植食类蜥脚动物。茂密森林中的沼泽长着木质藤蔓——马龙波树，上面有魔克拉-姆边贝爱吃的果实，因此这里是它喜爱的栖息地。

证明魔克拉-姆边贝存在的主要证据是刚果动物学家马塞林·阿纳纳发现的。1983年，他看到有只动物在泰莱湖里游动，并目击了将近20分钟。遗憾的是，他拍的照片并不能用。

人们最近一次目击到魔克拉-姆边贝是在2000年2月喀麦隆的本巴河沿岸。

魔克拉-姆边贝是否属于恐龙颇具争议，有人认为它是巨蜥，有人认为它是大型乌龟，甚至有人认为它只是一只河马。

魔克拉-姆边贝的名字是由当地部落取的，意思是“能够阻断江河波涛的生物”。

我们能够专心研究怪物吗？

我觉得可以。怪兽把我的人生划分成了两个阶段。孩童时期，我对尼斯湖水怪很感兴趣。于是我看完了关于它的所有书籍资料，甚至晚上都能梦到水怪。有一天，我承认了一个事实：怪兽并不存在。于是我抛开想象，开始了科学研究。是科学引领着我对泰莱湖进行生物学研究。泰莱湖位于刚果未开发的沼泽地区的中央，据说里面生活着魔克拉-姆边贝。这个庞大的爬行动物会杀死在湖中捕鱼的渔民。我认为这不过是些老掉牙的传说罢了。一天晚上，我整理笔记累了，就在河边睡着了。我梦到一头大象用鼻子轻轻碰我，非常舒服，因为我喜欢厚皮动物。然后，它的长鼻子把我卷起来，越卷越紧，我都要窒息了！我突然惊醒，跳了起来，浑身是汗，发现了一个长长的黑影。是大象吗？我看到它竖着鼻子走远，就像潜水艇的潜望镜一样。这实在是太神奇了！我梦到一只大象，而现实中也有一只大象在触碰我，这就是所谓的“预知梦”。

回到帐篷里，我想把这个故事讲给我的刚果向导宝纳。“大象在碰你？不，博士，这里从来没有大象。”

“啊？那这是什么？”

宝纳咕哝着：“这显然就是魔克拉-姆边贝！”

“宝纳，怪兽是不存在的！如果它们真的存在，为什么没有把我杀了呢？”

宝纳用严肃的语气反驳：“因为你没有在湖里，没有侵犯到它的神秘王国！”

“而且它知道没有人会相信你，博士。”

那么昨天晚上到底发生了什么呢？我不知道。后来，我再也不质疑怪兽的存在，并找到了一个永远的朋友和无可替代的助手——宝纳。

蛇颈龙

已灭绝的生物

佚罗纪不仅是恐龙和大型陆生爬行动物生活的时代，还是神奇的海洋怪兽生活的时代，蛇颈龙就是其中之一。它是大型水生爬行动物，游泳方式跟海豚相似，还像鲸一样经常游到水面上呼吸。古生物学家把蛇颈龙分为长颈和短颈两类。

出现在地球上的时间	2亿年前
灭绝时间	6500万年前
长度	10～15米
重量	30吨
分布	全球所有海域

玛丽·安宁最早发现了近乎完整的蛇颈龙化石。她是著名的古生物学家和海洋化石“猎人”。19世纪前半叶生活在英国。

与原先的猜测不同，蛇颈龙不是卵生的，而是胎生的。

蛇颈龙的体型粗大，有两对大鳍，鳍上各有5个趾头，充分伸展的脖子支撑着结实的脑袋，巨大的嘴里立着牙齿，它还有一条短短的尾巴。个别品种的蛇颈龙体长可以超过15米。蛇颈龙是侏罗纪海洋爬行动物中最厉害的一种。它的鳍摆动时产生强大的加速力，带动脖子运动，有助于捕捉鱼类和软体动物。

在侏罗纪的海洋中，蛇颈龙在头足类软体动物旁边游动。这些软体动物是墨鱼和枪乌贼的近亲，像它们的直系后代鹦鹉螺一样有着螺旋形的神奇外壳。目前鹦鹉螺还生活在印度洋和太平洋的热带海域中。

蛇颈龙的名字是由两个希腊语单词合成的，意思是“近乎蜥蜴的生物”。蛇颈龙被发现以来，它们的生活方式就一直吸引着古生物学家。蛇颈龙出生后就拥有庞大的身躯，母龙在一段时间内会保护自己的孩子。

然而，最有名的蛇颈龙可能出现在都市传说里。因为很多坚信尼斯湖水怪一定存在的人认为，著名的尼斯湖水怪可能就是从侏罗纪爬行动物大灭绝中幸存下来的蛇颈龙。

研究者的工作不仅在实验室进行，有时候也会走出门在外进行。这存在一定风险，尤其是在研究“怪兽”的时候，有些怪兽即使死了也很危险。我们在巴哈马展开研究，鉴定一具搁浅的动物尸体。在一片偏僻的长海滩上，一大堆破碎组织堆成了像双层大别墅一样的小山丘。这是蛇颈龙的遗骸吗？这堆骨头让人想起了1976年渔船拖回来的动物骸骨，而且关于这堆骸骨的照片非常多。人们在骨架前面发现了两条长长的侧鳍，上方的脊柱延伸到长颈处。如果这是一条蛇颈龙，而不是姥鲨的话，那么标本后面应该还有一对鳍。腐败的动物尸体散发出一股恶臭，我忍着恶心走向尾部，想弄清楚这件事情。宝纳还在继续观察那一堆组织，我问宝纳：“你不跟着我吗？”“不了，博士您自己去吧。我还是想待在这里。”于是我沿着骨架往前走，突然听到了一阵逐渐变响的奇怪咕噜声。

“博士，快跑，快跑，马上！”宝纳看上去非常恐慌，于是我问也不问就飞快跑开了。我跑到30米开外的地方停下，筋疲力尽，回头看到那堆遗骸像气球一样不断膨胀，似乎快要爆开了。没过多久，它就真的炸开了。我曾经听说过这个现象：腐烂产生的气体聚积在尸体胃部，最终引起爆炸。肌肉碎片飞向周围20米远的地方，连宝纳身上都盖满了碎片。因此，我只能回到实验室鉴定动物的身份了。宝纳好像看破了我的心思，跟我说：“来吧，我已经提取了样本。”

邓氏鱼

出现在地球上的时间	4.1亿年前
灭绝时间	3.65亿年前
长度	10米
重量	4吨
分布	欧洲、非洲和美洲的温暖浅海

邓氏鱼是地球上最早的大型肉食动物。它比恐龙出现的还早，生活在4.1亿年前到3.65亿年前泥盆纪的海洋中，并在水中不断地进化。邓氏鱼属于盾皮鱼类，习性与白鲸和虎鲸相似，统治着自己栖息区域。邓氏鱼是坚持不懈的捕猎者，也是海中霸王，有时甚至还会同类相食，没有任何敌人可以与它抗衡。

在连续统治了全球海洋几千万年之后，这种超级肉食动物灭绝了。气候变化、更强大的肉食动物和更灵活敏捷的猎物的出现均成了它消失的原因，就像又重又耗油的老式汽车终究被更快、性能更强大的新式汽车所代替那样。

邓氏鱼的头和身体前部覆盖着厚厚的坚硬甲壳，就像保护着中世纪骑士的铠甲一样。

邓氏鱼的化石主要发现于欧洲、非洲和北美洲，这些地方曾经是温暖的浅海地区。

古生物学家通过研究化石发现了10多种邓氏鱼，其中包括最大的泰雷尔邓氏鱼。

邓氏鱼长约10米，重约4吨，覆盖着无敌的“铠甲”，就像一台战争“机器”，一旦发起攻击就不会给对手任何逃生机会。但是结实的骨头和甲壳在保护它的同时也限制了它的进化速度。邓氏鱼用强壮的尾巴前行，靠近猎物的时候会张开血盆大口，上下颌一闭，就能干脆地咬断猎物，随后几口吞掉。

邓氏鱼没有牙齿，但是坚硬锐利的骨头就像铡刀，直立在上下颌之间，构成了一个致命的牢笼。

科学家们在电脑上复原了邓氏鱼的嘴，并计算出它的咬合力可以超过5吨。

建筑师伦佐·皮亚诺设计的特伦托缪斯（MUSE）科学博物馆里展出着泰雷尔邓氏鱼的复原模型。

如果有什么怪兽能像电影中的食人鲨那样，一口就能把10米长的船给咬成两半的话，那它一定是邓氏鱼。但是这种可怕的动物注定有一个悲惨结局。尽管它是同类中最大的动物，但是它很可能需要应对来自同伴的攻击……宝纳同意这个看法，对此非常痛心。而我的想法更加“科学”，我认为4亿年的时间过于漫长，无法肯定邓氏鱼还生存在如今的海洋里，而且也确实没有人在其他地方见过邓氏鱼。不过，现在还有一丝线索。日本的“海沟”号潜水器是海洋学史上的小英雄，曾于1995年下潜到马里亚纳海沟最深处，但是它在2003年消失在暴风雨中。连接潜水艇表面的缆绳能够在极端情况下承受10多次的下潜操作，但它竟然断了，而且断口平整，似乎是被巨大的钳子切断的。

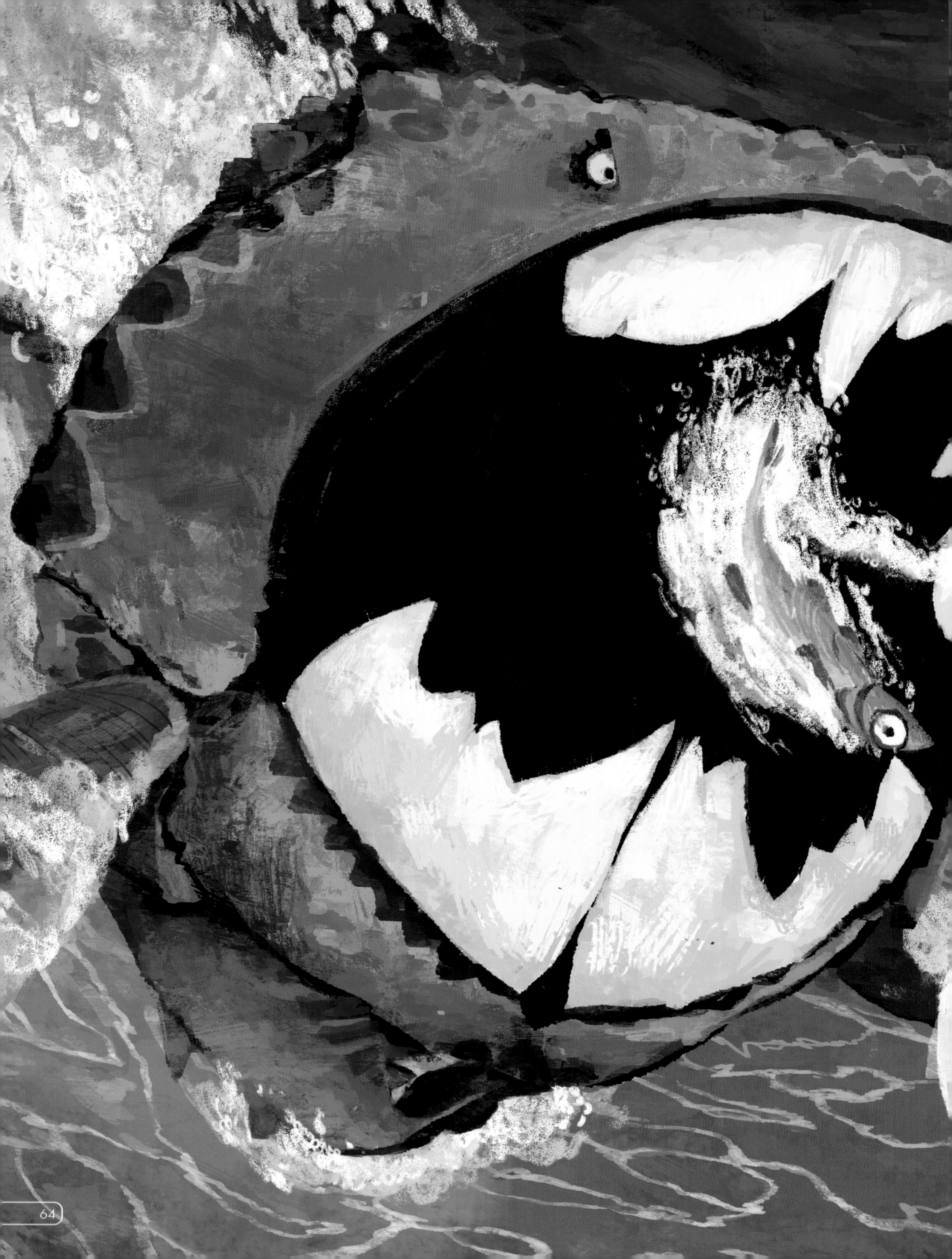

有人说，“海沟”号在消失之前拍到了一个特别像邓氏鱼的东西。虽然照片随着潜水器一起消失了，但是潜水器一直在发送信号，直到2006年信号才消失。邓氏鱼历经几亿年从深海中突然出现的可能性小之又小。假如邓氏鱼还存活的话，它可能会成为渔民最好的战利品。但渔民要有合适的装备：一艘坚固的装甲船，捕鲸的发射炮，用于击穿怪兽结实的头颅（它的眼睛也有甲壳保护着），还要有一个重型拖缆绞车把像公交车一样长、像两辆大型SUV一样重的怪兽拉到岸边！

梅氏利维坦鲸

海平面时而上升，时而下降，高山代替了平原，地球的面貌不断发生变化。这些变化帮助我们发现一种史前怪兽，即海中的庞然大物——梅氏利维坦鲸。人类在目前的秘鲁皮斯科-伊卡沙漠中发现了它的化石残骸，几百万年前这片地区曾是海洋，许多海洋动物都在这里生活和进化。

梅氏利维坦鲸的身形让人想起抹香鲸，但是它的行为却与逆戟鲸相似。梅氏利维坦鲸以其他鲸类作为主要食物，用硕大的牙齿攻击并撕碎猎物，而体型相对较小的梅氏利维坦鲸则会阻止猎物回到水面呼吸，从而溺死它们。

梅氏利维坦鲸发现于2008年，但是到2010年才有了学名。

简单对比之下，梅氏利维坦鲸的身长比羽毛球场还要长，体重比6只大象还重。

已灭绝的生物

出现在地球上的时间	1400万年前
灭绝时间	900（或500）万年前
长度	13~18米
重量	65吨
分布	温暖的热带海域

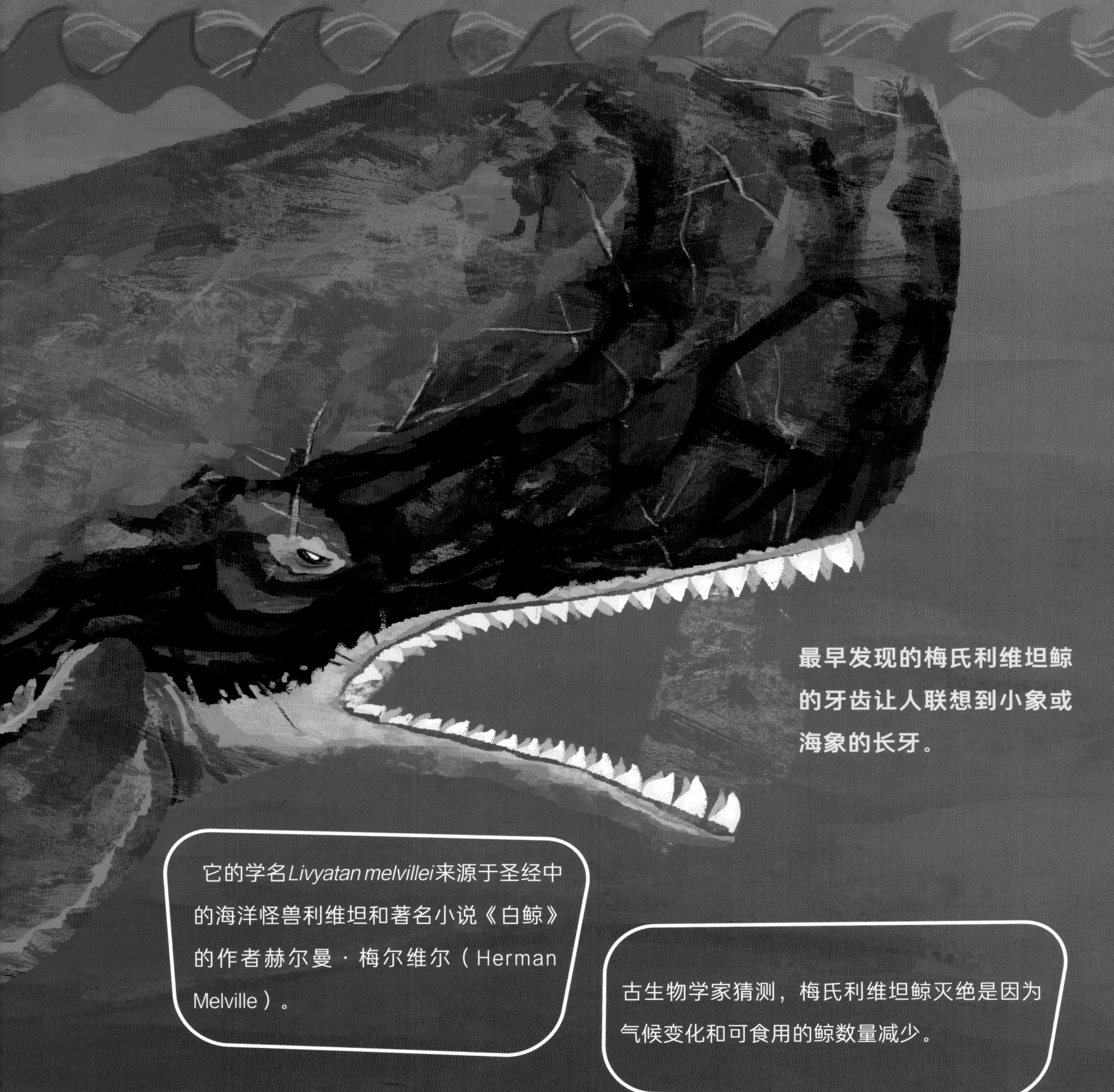

最早发现的梅氏利维坦鲸的牙齿让人联想到小象或海象的长牙。

它的学名*Livyatan melvillei*来源于圣经中的海洋怪兽利维坦和著名小说《白鲸》的作者赫尔曼·梅尔维尔（Herman Melville）。

古生物学家猜测，梅氏利维坦鲸灭绝是因为气候变化和可食用的鲸数量减少。

梅氏利维坦鲸可能是中新世海洋中最可怕、最强大的掠食者之一，它生活在大约1400万至900万年前。它在形态上与现在的抹香鲸相似，但与抹香鲸不同的是，它的上下颌都有牙齿。这种庞然大物有13～18米长，重量超过60吨。它的特点是拥有硕大的牙齿，其中最大的接近40厘米高、10厘米宽。

人们还在挖出梅氏利维坦鲸化石的岩中层发现了庞大的肉食鲨鱼——巨齿鲨的牙齿化石。这个发现证明了这两种超级肉食动物生活在同一个环境中，有可能是竞争的关系。

一直以来最有名的海洋怪兽之一就是名为利维坦的鲸，也是赫尔曼·梅尔维尔著名的小说《白鲸》中名叫莫比·迪克的鲸。赫尔曼·梅尔维尔是这部著作的创作者，但不是梅氏利维坦鲸的创造者。小说中莫比·迪克的体型庞大，长度可达30米，重160吨，比蓝鲸稍微轻一点，但是比创作原型——名叫莫卡·迪克抹香鲸重一点。莫卡·迪克的首次目击地点是在智利的一个小岛附近海域，它是一头庞大而敏感的白化抹香鲸。它在没有被打扰时不具攻击性，但是如果其他鲸纠缠它的话，它就会发怒，用尾巴拍打、掀翻小船，借助巨大的力量跃出水面，就像飞起来一样。它曾经弄翻了一艘船，还打破了几艘小艇。莫卡·迪克死于1838年，有传言说它在营救一头受伤的母鲸时被人类袭击了。

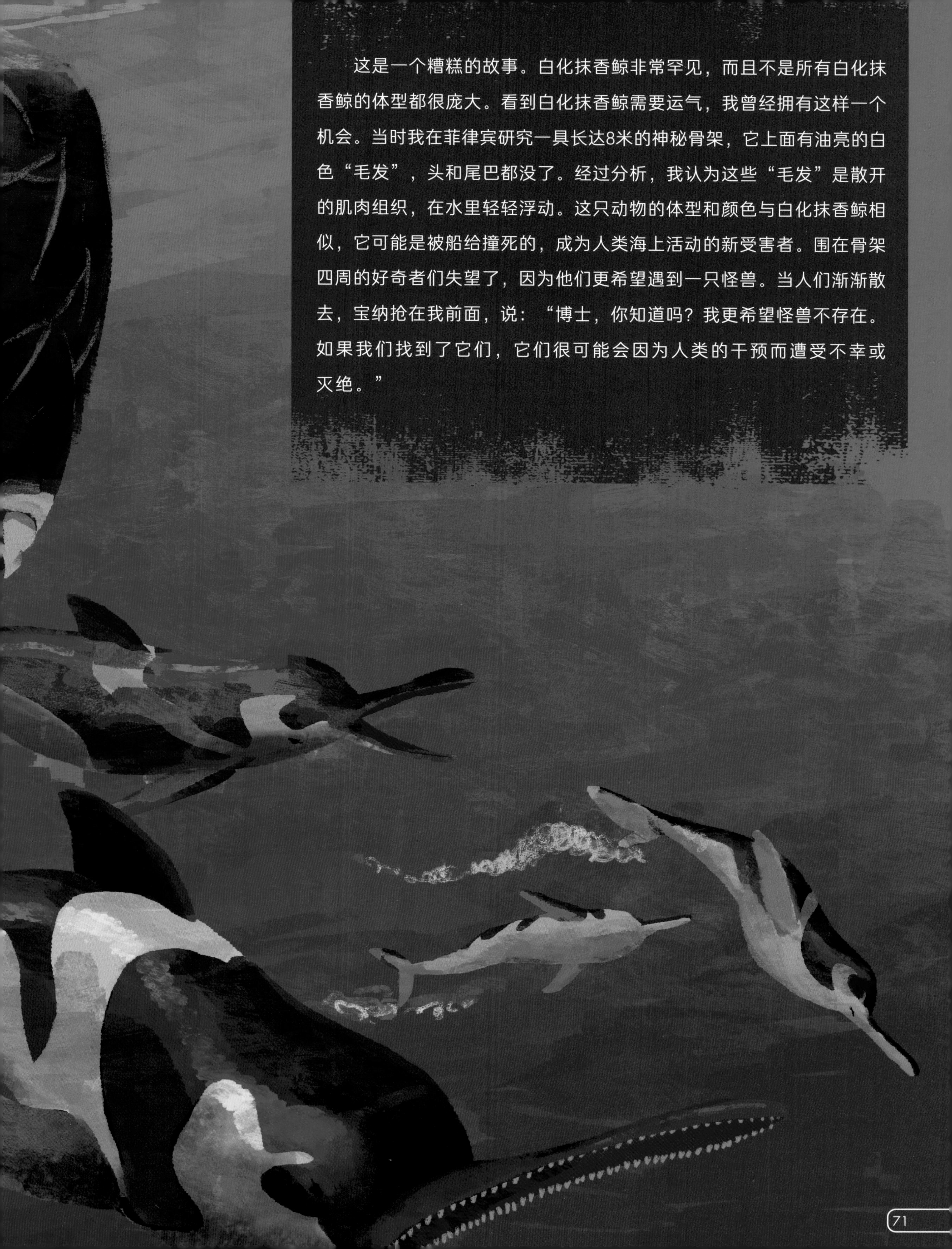

这是一个糟糕的故事。白化抹香鲸非常罕见，而且不是所有白化抹香鲸的体型都很庞大。看到白化抹香鲸需要运气，我曾经拥有这样一个机会。当时我在菲律宾研究一具长达8米的神秘骨架，它上面有油亮的白色“毛发”，头和尾巴都没了。经过分析，我认为这些“毛发”是散开的肌肉组织，在水里轻轻浮动。这只动物的体型和颜色与白化抹香鲸相似，它可能是被船给撞死的，成为人类海上活动的新受害者。围在骨架四周的好奇者们失望了，因为他们更希望遇到一只怪兽。当人们渐渐散去，宝纳抢在我前面，说：“博士，你知道吗？我更希望怪兽不存在。如果我们找到了它们，它们很可能会因为人类的干预而遭受不幸或灭绝。”

Original title: Mostri del mare
Author: Enrico Lavagno, Angelo Mojetta
Illustrator: Lá Studio

版权贸易合同登记号 图字：01-2024-3630

图书在版编目（CIP）数据

给孩子的深海怪兽图鉴 / (意) 昂里科・拉瓦钮, (意) 安热洛・莫热塔著 ; 越南拉工作室绘 ; 韩珠萍, 马巍译. -- 北京 : 电子工业出版社, 2025. 3. -- ISBN 978-7-121-49270-9

Ⅰ. Q178.533-49

中国国家版本馆CIP数据核字第2024J67A90号

责任编辑：张莉莉
印　　刷：河北迅捷佳彩印刷有限公司
装　　订：河北迅捷佳彩印刷有限公司
出版发行：电子工业出版社
　　　　　北京市海淀区万寿路173信箱　邮编：100036
开　　本：889×1194　1/8　印张：9　字数：134.1千字
版　　次：2025年3月第1版
印　　次：2025年3月第1次印刷
定　　价：99.00元

凡所购买电子工业出版社图书有缺损问题，请向购买书店调换。
若书店售缺，请与本社发行部联系，联系及邮购电话：（010）88254888，88258888。
质量投诉请发邮件至zlts@phei.com.cn，盗版侵权举报请发邮件至dbqq@phei.com.cn。
本书咨询联系方式：（010）88254161转1835，zhanglili@phei.com.cn。